# 梳

# 缕

江怡蓉　张兴宇　叶榆欣　著

U0364492

知识产权出版社

全国百佳图书出版单位

**图书在版编目（CIP）数据**

梳缕 / 江怡蓉，张兴宇，叶榆欣著 .—北京：知识产权出版社，2018.10
ISBN 978-7-5130-5902-2

Ⅰ.①梳… Ⅱ.①江… ②张… ③叶… Ⅲ.①汉族—民族服装—介绍—中国 Ⅳ.①TS941.742.811

中国版本图书馆 CIP 数据核字 (2018) 第 231204 号

责任编辑：龚　卫

执行编辑：李　叶　　　　　　　　责任印制：孙婷婷

**梳缕**

江怡蓉　张兴宇　叶榆欣　著

| | | | |
|---|---|---|---|
| 出版发行：知识产权出版社有限责任公司 | | 网　　址：http://www.ipph.cn | |
| 电　　话：010-82004826 | | 　　　　　http://www.laichushu.com | |
| 社　　址：北京市海淀区气象路 50 号院 | | 邮　　编：100081 | |
| 责编电话：010-82000860 转 8120 | | 责编邮箱：gongwei@cnipr.com | |
| 发行电话：010-82000860 转 8101 | | 发行传真：010-82000893 | |
| 印　　刷：北京建宏印刷有限公司 | | 经　　销：各大网上书店、新华书店及相关专业书店 | |
| 开　　本：720mm×1000mm　1/16 | | 印　　张：9.5 | |
| 版　　次：2018 年 10 月第 1 版 | | 印　　次：2018 年 10 月第 1 次印刷 | |
| 字　　数：148 千字 | | 定　　价：68.00 元 | |

ISBN 978-7-5130-5902-2

创衣冠之美族曰华

拥天地之大国称夏

传炎黄之民心系汉

著交领之邦尚华服

——发起人 方文山

方文山
2018.9.15

# 《西塘汉服文化周系列丛书》

**发 起 人** 方文山　陆　丰

**策　　划** 江怡蓉　陆彩云　陈广松

## 《梳缕》

**统　　筹** 曾淑娟

**编　　委**（排名不分先后）

　　　　冯惠英　贾媛媛　信　辉

　　　　任韦泽　何晓军　许　檬

　　　　王雯雯　康娇娇　李婉婷

排　　版　张恬静

摄　　影　赵　瑜

后　　期　何印婷

化 妆 师　张兴宇　叶榆欣　小竹子

模　　特　陈文婧　袁　艺

　　　　　闫淑琴　杜可欣

# 序
## 千年前的妆造也时尚

所谓"云想衣裳花想容",可见女性对容貌的保养及梳妆所下的功夫,一点儿也不少于琴棋书画的内在培养。

在古典文化意象里常被人提及的便是"画眉",可见眉毛在妆面中的重要程度,屈原在《楚辞·大招》中记:"粉白黛黑,施芳泽只。"黛就是一种颜料色,即青黑,为古代女子常用的眉色。也有着重写眉毛形状的,比如《西京杂记》中提及:"司马相如妻文君,眉色如望远山,时人效画远山眉。"能把眉毛化成弯弯长长的,像远山一样,也是非常具画面感的描述了。

要想多了解一些妆造知识,也可从成语开始,比如成语"洗尽铅华",一般人只道是褪去了外在的修饰,却鲜少有人知道"铅华"乃是古代一种重要的化妆品,在妆粉里加上铅用以敷面,也能保证皮肤的光洁莹白,千年前的女子就学会用这种方法来增白了!

无论是妆粉还是眉形，历代皆能变化出几十种，而且还讲求实兴，若宫里流行什么妆造，流入民间即引得民间女子俱效仿之，大有今人追星之势。这般说来古代女子比现代人还要精致几分，她们季节分四季，岁月分年龄，甚至连出入职场、品茶问道、出游聚会的妆面都有所不同，这在一定程度上也呈现了传统文化领域的五彩斑斓，透过妆造也能了解到不同朝代的风土人情和人文面貌。若想了解汉、唐、宋、明四个朝代的儿童、少女、妇女等不同年纪的妆造和发型，请仔细品阅本书吧！

2018.9.15

# 推荐序
## 中国的妆造也是一种传统文化

北宋苏汉臣《靓妆仕女图》（现藏美国波士顿美术馆）描绘了这样一幅画面："一个寻常的清晨，院墙高耸的庭院里春莺啾鸣。刚起床的少女梳洗完毕，慵懒地坐在铜镜前，旁边站着垂首待侍的丫鬟。镜前女子玉手芊芊，兰花指微翘，打开妆奁，描红点唇。香炉氤氲，微风习习。"从中既可窥得，中国古代女子两千年前的化妆场景。

化妆，无论古今中外，于自身、于社会都尤其重要。女生学会化妆能有效提高自身审美，培养自信心，以姣好的面貌面见朋友则使自己更有魅力。化妆出门，既是对他人的尊重，也是对自己的尊重。中国的妆造文化源远流长，从我们现代一些理念就可得知，比如常说的"一白遮三丑"，在中国古文里，"三"代表的是一个泛指虚数，就是说数目很多，并没有特指哪一种丑。这种观念的产生是因为亚洲人的肤色大部分偏黄，很容易受紫外线的影响导致皮肤暗沉容易生斑，所以古代女子就开始用铅来扑粉，去盖住原有的斑瑕。直到如今，也有很多女生天天与皮肤"作战"，用各种粉膏去修饰自己的面颊，还不说眉毛、唇妆一类，仅仅与皮肤"作战"，已经是历经几千几百年的斗争了。

那么谁是中国最爱美的女人？有人说是杨玉环，不说她有多少驻颜有术的妙方，先说说化妆架势就已经很厉害了。元代伊世珍《琅嬛记》引《采兰杂志》说，杨玉环打扮时都要必备唇膏、眉黛、妆粉、胭脂，这就有点像现代人化妆的装备，还有的用珍珠粉来遮瑕，这在古代寻常女子的生活中并不难想象。另外脸上妆点完了，身上还要不少首饰衣服作为装扮，就像现代的女子进入了衣帽间，挑挑剔剔几遍下来，也颇费功夫，由此见得贵妃每日整理仪表这一道工序就不简单。

中国的妆造这种传统文化，隐没在日常生活中流传了下来，如今把化妆作为传统文化再创新的一种艺术表现，在某种程度上也颇有意思。

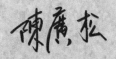

# 前　言

　　记得"第二届中国汉服文化周"来西塘时，说老实话，对于一个从事时尚工作将近 30 年的人来说，我一直觉得汉服不够时尚，汉服代表着历史，代表着古远。而通过一年年汉服文化周的接触与参与，用时尚的眼光来看待汉服时，如何在现代人生活中注入汉服元素？如何把汉服与时尚结合？又如何在古与今的时尚中达到平衡？一直是我深思的问题。

　　直到陈广松先生找我说咱们来做本书吧，终于我们有了机会，尝试着将汉服元素融入现代女性的妆造中。

　　首先在妆容上做些改变，因为各朝代流行的妆容各有不同，我们选择更能体现现代人个人风格的妆容，在不同场合妆容也不同，因东方人的五官特点，所以在眼影颜色上偏咖啡色系，腮红强调立体感，发型上以突显个性为主。重点都放在服装上。

在服装上我们特选了几件汉服，用 mix&match 混搭方式，赋予汉服新的时尚生命，让汉服的每一件单品都能与我们现在的流行服饰搭配，在生活中不管是上班、休闲度假还是参加 Party，都可以用另一种崭新的面貌来呈现，而不再只是到了有活动时或是游古镇时才想要穿整套汉服。

　　每一个人衣橱中一定有件西方的牛仔类服饰，我们希望通过本书，让你的衣橱，也有件汉服！

　　谢谢，为本书所付出的汉服同袍们！

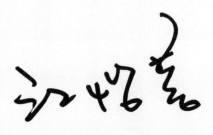

# 模　特

模　　特　杜可欣（左）陈文静（右）
拍　　摄　赵瑜
后　　期　何印婷
场地提供　花制作

**张兴宇**（秉持初心，为传播中国传统妆造之美而努力）

　　毕业于南京艺术学院。

　　从事化妆造型 3 年，2016~2017 年出任第四届、第五届西塘汉服文化周造型统筹及"四大美人"造型师，2018 年参加中国著名化妆造型艺术家杨树云先生的首期古代化妆造型研修班，成为杨树云老师的亲传弟子。

**叶榆欣**（勤勤恳恳，是个好人）

北京工商大学产品设计专业在读；

古艳遇美学工作室创始人；

参与第五届西塘汉服文化周造型统筹工作；

师从著名化妆造型艺术家杨树云先生。

# 目　录

# 前期准备

## 梳妆工具

1.果冻胶【主要用于保湿，造型后需搭配喷雾发胶才能达到定型效果】

2.发蜡棒【主要用于整理碎发，少量涂抹后用梳子梳开可达到发丝服帖并顺滑的效果】

3.喷雾发胶【适用于做完造型后的定型，持久性高】

4.打毛梳【挑一缕头发，倒着梳，可打毛发丝】

5.尖尾梳【主要用于挑发，做造型】

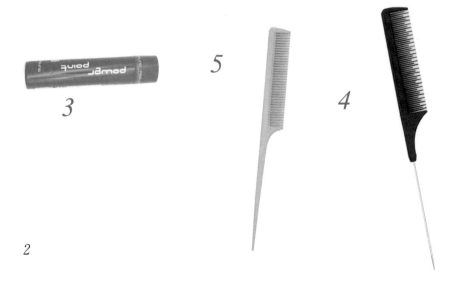

9

10

11

6.牛角梳【可护理头发，经常使用能有效地减少脱发和断发】

7.大齿梳【用于梳顺发丝】

8.鬃毛梳【适用于做造型，均匀发丝】

9.U形夹【适用于固定造型，自由度较大】

10.橡皮筋【绑头发专用】

11.一字夹【用于固定发丝，力度较大，不易散】

8

7

6

3

# 假发包的认识与制作

## 假发包

**牛角状大发垫** 用来调整头型，多放置于发际线上寸余的地方。

**小牛角包** 用来调整头型，多放置于发际线上寸许，小脸神器。

**中号牛角包** 这是覆盖好假发丝的假发包，可直接作为义髻使用，以填充造型。

**灵蛇髻** 是使用率非常高的一款成品假发髻。可以直接使用，也可以根据需要略做调整，内有金属支撑，容易塑形。

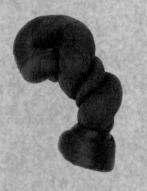

**大发包** 多用来填充后脑部分，充盈发量的同时调整头型。

## 大发垫

1.准备一团曲曲发；

2.将曲曲发整理好形状；

3.用发网包裹住曲曲发；

4.整理好形状就做好啦。
做个假发包都是爱你的形状。

## 小发包

大多用在前包发，可以使
刘海垫高，造型圆润。

1.准备一团曲曲发；

2.准备一个小发网；

3.用发网的一端将
曲曲发包住；

4.慢慢的收紧发网；

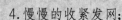

5.待发网完全包裹住
曲曲发，将两头各打
一个结；

6.剪去多余的发网，
整理形状，一个小
发包就做好啦。

## 硬发髻

这款假发包里面包裹了铁丝，可以随意弯成自己想要的形状。

1. 准备铁丝，钳子；

2. 准备一条损坏的假发；

3. 剪一段铁丝；

4. 将铁丝做成长 40cm，宽 12cm 的椭圆形框架；

5. 在框架中间用铁丝加固；

6. 用假发包裹住铁丝；

7. 将铁丝的一端夹在假发中间；

8. 将假发与铁丝用针线缝合在一起；

9. 用剩下的假发完全包裹住铁丝，用发网兜住；

10. 整理好假发的造型就完成了。

准备材料：损坏的大号灵蛇髻一个，半曲曲发一条，大号发网一个，U形夹若干，一字夹若干。

1. 将灵蛇髻辫成图中所示造型；

2. 将曲曲发穿过灵蛇髻的环；

3. 将曲曲发用一字夹固定在灵蛇髻的底座上；

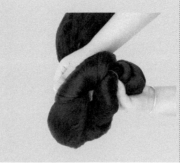

4. 将曲曲发用包假发包的方法进行包裹；

5. 将灵蛇髻完全包裹住；

6. 多余的发尾缠绕在灵蛇髻底座上；

7. 将发尾用夹子固定；

8. 用发网把发包包裹住并整理好发包的形状。

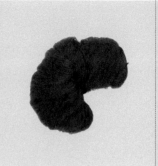

变废为宝——制作灵蛇髻

## 首饰——
### 发簪

工具：少量米珠，水滴簪头，铜丝，胶水，簪棍。

1.取一节铜丝；

2.穿5粒米珠；

3.将铜丝两头拧紧，将多余的铜丝剪断，得到一朵5瓣小珠花；

4.将簪棍的簪头底部涂上胶水；

5.将小珠花粘在簪棍上；

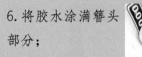

6.将胶水涂满簪头部分；

7.将红色水滴簪头粘在簪棍的簪头上；

8.用手捏住簪头，待胶水干透即完成。

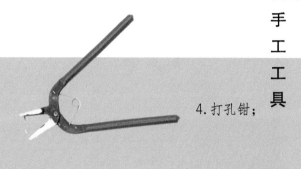

4. 打孔钳；

5. 大号剪刀；

6. 小号弯头剪刀；

1. 尖嘴钳；

7. 长嘴尖头剪刀；

8. 短嘴尖头剪刀；

2. 斜口剪钳；

9. 胶枪。

3. 圆嘴钳；

准备材料：铜丝，大小不一的料器花瓣和叶子，花芯，珠子，簪棍，绿色QQ线，绿色纸胶带。

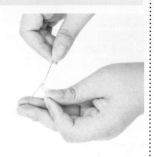

1.取一截铜丝缠绕料器花瓣底部；

2.用钳子将铜丝拧紧；

3.绑好的花瓣；

4.将所有花瓣和叶子依次绑好；

5.取一截铜丝绑在花芯中间位置；

6.用QQ线绑紧花芯；

7.将靠近花芯的花瓣与花芯绑在一起；

8.依次绑第二片花瓣；

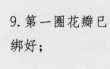

9.第一圈花瓣已绑好；

10. 继续绑第二圈花瓣；

11. 依次绑第二圈花瓣；

12. 第二圈花瓣已绑好，将线头剪断扎紧；

13. 用胶带纸将绑叶子的铜丝缠绕住；

14. 做遮挡铜丝用的所有叶子都用胶带纸缠绕住；

15. 用QQ线将做好的花朵缠绕在簪棍上；

16. 花朵固定好后加入叶子；

17. 将叶子依次加入用线固定；

18. 待花朵和叶子都固定好，将线绑紧剪断，用胶带纸缠绕根部遮挡钢丝和线；

19. 完成。

首饰——

料器花

准备材料：准备自己喜欢的米珠，铜丝，U形簪体，花芯铜丝。

1：取一截铜丝，铜丝的长度取决于需要做的花瓣大小；

2.穿一粒米珠；

3.将一头铜丝从米珠的另一头穿过，牢牢地绑住米珠；

4.继续穿两粒米珠；

5.继续将一头铜丝从两粒米珠的另一头穿过；

6.将铜丝收紧；

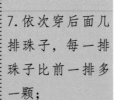

7.依次穿后面几排珠子，每一排珠子比前一排多一颗；

8.穿到中间时再依次递减珠子，一片花瓣就穿好了，将铜丝拧紧；

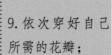

9.依次穿好自己所需的花瓣；

10. 花瓣穿好后准备 U 形簪体、花芯、大小不一的花瓣；

11. 将准备好的花芯的铜丝部分拧紧；

12. 将小花瓣与花芯放在一起；

13. 所有小花瓣依次放好，取一截铜丝将它们绑牢；

14. 将大花瓣加入，用铜丝绑好花瓣与花芯；

15. 所有的大花瓣依次放好；

16. 继续用铜丝绑紧；

17. 绑紧花瓣后将铜丝两端拧紧；

18. 用钳子拧紧铜丝，剪去多余铜丝；

19. 用钳子将多出的铜丝缠绕在花根部，藏好铜丝尾部，以防扎手；

20. 花朵与料器花同理绑在簪体上，整理花瓣，可加些珠子作为点缀，一朵珠花就做好了。

## 第一种

1.将头发梳顺；

2.扎成一个马尾，将全部头发一把抓住！

3.将头发拧紧，绕一个小圈圈；

4.将多余的发尾盘绕在发根处，在这个过程中一定要把小圈圈抓紧噢！

5.将预留出的小圈圈套在发根处；

6.将发簪从小圈圈和盘绕好的部分之间的缝隙戳进去，从另一端挑出来，这样就大功告成啦。

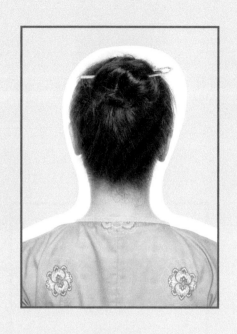

单簪盘发

简单易上手

模　特　叶榆欣

拍　摄　赵瑜

后　期　何印婷

场地提供　花制作

# Part 1
# 凝碧池边敛翠眉，
# 我为自己绾青丝

超实用的单簪盘发教程，

爷爷说每天蹦蹦跳跳它也不会掉~

第二种

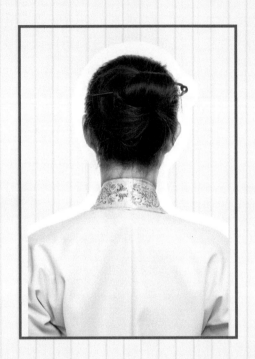 

模　特　张兴宇

拍　摄　赵　瑜

后　期　何印婷

场地提供　花制作

1

2

3

1. 梳理发丝；

2. 左手抓住头发根部，右手将簪子放在头发上方；

3. 左手将头发从簪子上方绕过至簪子内侧；

4. 右手将簪子顺时针旋转（左手一定要抓稳发丝）；

4

5

6

7

5. 簪子顺时针转至图上位置；

6. 左手将剩余发丝围绕发根逆时针盘上；

7. 左手按牢发尾，右手将簪子挑住发根从右往左插入；

8. 完成。

注：簪子挑住发根插入，否则会散。

8

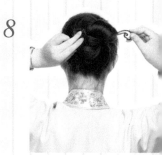

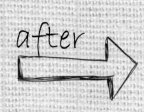
after

# Part 2 汉服娘的
# 日常出街造型

1.前面留出刘海，
后面头发扎一个
马尾；

6.完成。

2.马尾编两个麻
花辫；

5.另一边同理；

3.将麻花辫缠绕在发根处
（随意缠绕）；

4.将刘海梳顺往后挽起，发
尾缠绕在发根处；

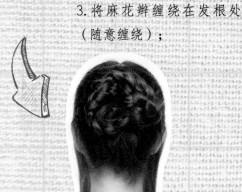

模　　特　张兴宇
拍　　摄　赵　瑜
后　　期　何印婷
场地提供　花制作

模　　特　张兴宇　叶榆欣

拍　　摄　赵　瑜

后　　期　何印婷

场地提供　花制作

 

 

燕子来时新社，梨花落后清明。池上碧苔三四点，叶底黄鹂一两声。日长飞絮轻。

巧笑东邻女伴，采桑径里逢迎。疑怪昨宵春梦好，元是今朝斗草赢。笑从双脸生。

——（宋）晏殊《破阵子·春景》

21

# 3分钟
## 快手发型

秋日里，天朗气清，暖阳相照，扎上两个元气满满小揪揪，约上三五个要好的小姐妹，出门去玩耍是最合适不过的了。

将头发梳顺，分成左右两个区。

后脑的发际线一定要整齐清晰。

在耳朵的后上方将这两部分头发扎起来。

将左边的辫子顺时针方向拧，直至头发可螺旋状盘绕在发根处，用皮筋固定。

右边的小辫子往逆时针方向拧，调整至左右对称。

换好衣服就可以出门玩耍啦！

模　　特　叶榆欣
拍　　摄　赵　瑜
后　　期　何印婷
场地提供　花制作

模　特　张兴宇
拍　摄　赵　瑜
后　期　何印婷
场地提供　花制作

after

# 3分钟
# 快手发型

1. 盘一个丸子头；

2. 取一条长假发片；

8. 另一股假发用同样的手法挽好就完成了。

7. 将发尾绕在丸子上收好；

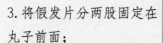

3. 将假发片分两股固定在丸子前面；

6. 将绕好的假发覆盖在丸子上固定住；

4. 取其中一股，右手拿三分之一处，此时手心朝下，左手抓住发尾；

5. 右手抓住假发往内绕一个圈，此时手心朝上；

*1*

*2*

*3*

*4*

你是否有过和朋友约定好9点出门，却在还剩10分钟时才突然惊醒的经历？

不要慌！！！简单又好看的快手发型已经都安排上啦，每天多睡半小时不是梦！

*5*

*6*

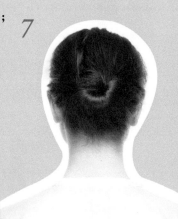

1. 将头发梳顺；
2. 扎一个马尾；
3. 用皮筋固定；
4. 在这一步反向将发尾拉出；
5. 固定好；
6. 将皮筋往后拉；
7. 将发团塞进脑后，完成。

*7*

梳缕 SHULü

# 可以搭配明制汉服的
# 简易发型
# 拯救手残党

场地提供 花制作

后期 何印婷

拍摄 赵瑜

模特 叶榆欣

27

1

2

3

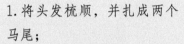

4

1.将头发梳顺，并扎成两个
马尾；

2.将马尾编成麻花辫；

3.将麻花辫盘起；

4.取一条假麻花辫，将假麻
花辫盘在头发上；

5.另一侧同样盘上假麻花辫；

5

6

6.再取一条假麻花辫，在中间打
一个蝴蝶结；

7.固定在发髻的前方；

8.另一侧同样固定一个蝴蝶结就
完成啦。

7

8

模 特　杜可欣

拍 摄　赵 瑜

后 期　何印婷

场地提供　花制作

# Part 3　汉服造型也要 从娃娃抓起

自己美的同时，家中小宝也不能落下！

模　特　杜可欣

拍　摄　赵　瑜

后　期　何印婷

场地提供　花制作

30

1

2

3

1. 将头发扎成双马尾；

2. 将头发逆时针扭转，扭转到可以自己盘起；

3. 盘成两个小揪揪；

4. 取一条假麻花辫；

5. 将假麻花辫盘绕在两个小揪揪上；

6. 再取一条假麻花辫圈成一个圈；

7. 将发圈固定在其中一个揪揪上；

8. 将另一半假麻花辫同样固定在另一个揪揪上，完成。

4

6

5

7

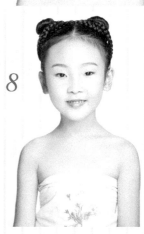

"梅子流酸溅齿牙，
芭蕉分绿上窗纱。
日长睡起无情思，
闲看儿童捉柳花。"

——（宋）杨万里《初夏睡起》

孩童时期总是单纯又快乐的，祝愿所有的孩子都可以幸福地生活在阳光之下！

8

1. 将头发分成三个区域，并将前面两个区域的头发扎起来；

2. 将扎起来的头发编成麻花辫；

*1*

*2*

*3*

*4*

3. 将麻花辫盘起来；

4. 将假麻花辫的发尾固定在其中一侧；

5. 将假麻花辫从后面绕至另一侧；

6. 将假麻花辫固定住；

*5*

7. 发尾自然垂于胸前即完成。

*6*

*7*

模　　特　杜可欣
拍　　摄　赵　瑜
后　　期　何印婷
场地提供　花制作

1.将头发扎成双马尾，将马尾的
三分之二编成麻花辫；

2.将麻花辫盘绕在发根处；

3.将留出的三分之一的头发挽一个环自然
垂下，发尾盘绕在发根处收好，完成。

梳个长安爆款抛家髻

Part 4　可以迅速学会的『富贵』大头

1.将头发分成耳前耳后两区，耳后区取上半部分编麻花辫；

4.将麻花辫往两边盘绕并固定；

2.将辫子盘绕固定在发根处；

5.在头顶稍前方的位置固定好大牛角包；

3.将耳后区剩余的部分编成两个辫子；

6.用耳前区的头发覆盖住假发包，整理好发丝；

38

7.固定好大发包和假发条；

10.用尖尾梳一端压住假发，将假发调整到合适的高度后固定住发尾，制作一侧的抱面；

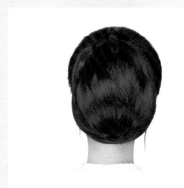

8.用假发进行包发，套上发网；

11.继续完成另一侧的抱面；

9 在图示区域固定一条假发条，并分成左右两等分；

12.固定制作好的假发髻，完成。

1. 以耳朵为限分成前后两个区域；

2. 取一半头发编成麻花辫；

3. 将麻花辫盘于头顶；

4. 将剩下的头发扎起，编成两条麻花辫；

5. 将两条麻花辫盘起固定；

6. 将一个大牛角包固定在头顶稍前方；

7. 将前面刘海梳顺后包住假发包用一字夹固定；

8. 全部刘海包住假发包；

9.取一个大发包固定在脑后；

10.将假发片固定在发包与发根的衔接处；

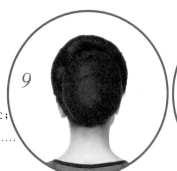

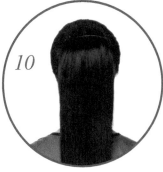

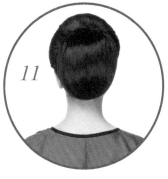

11.将假发片覆盖住假发包，用一字夹或U形夹固定发尾，用发网包住；

12.将一条假发固定在前后包发衔接处；

13.将假发包固定在头顶位置；

14.假发片包住假发包固定住；

15.将发尾一分为二，取其一绕一个U形固定在前包发一侧，另一边同理，注意收好发尾，完成。

43

1.将头发梳顺；

4.将麻花辫盘在发根处，
作为底座；

2.将头发分成三个区域；

5.将小牛角包固定在底座上；

3.将后面区域头发分出一小撮编
成麻花辫；

6.将刘海梳顺，覆盖在小牛
角包上；

44

7.刘海包住小牛角包；

8.另一边同样，发尾编起来盘好；

9.后面头发编麻花辫盘起，将假发包固定在脑后；

10.将假发片固定在发根处；

11.将假发片包住假发包，收好发尾，用发网兜住，完成。

1. 做好前包发和后包发；

3. 将两个中号灵蛇髻弯成两个椭圆形；

4. 固定在两个后包发的衔接处；

2. 再做一个包发在头顶；

5. 整理好灵蛇髻的形状，完成。

模　　特　叶榆欣
拍　　摄　赵　瑜
后　　期　何印婷
场地提供　花制作

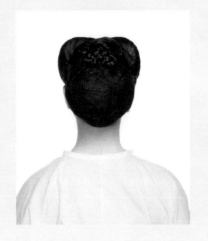

1. 做好前包发和后包发；

3. 将两个灵蛇髻对称地固定在头上就完成啦；

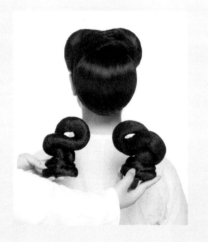

2. 将两个中号灵蛇髻弯成图上所示的形状（也可以自由发挥）；

4. 侧面效果，灵蛇髻与后包发衔接处可以放一朵大的绢花作为填补，发型就圆润起来了。

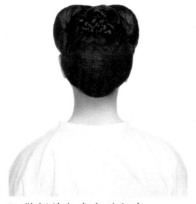

1. 做好前包发和后包发；

2. 取一个大号弧形假发包；

3. 将假发包固定在后包发与前
包发衔接处即完成。

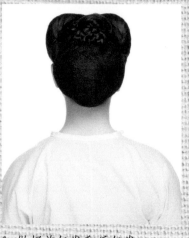

1.做好前包发和后包发；

4.将假发片往后梳；

2.将一条假发片固定在头部的
后上方；

5.用假发片包住假发包，收
好发尾；

3.将椭圆形假发包固定在假
发片衔接处；

6.将弧形假发包固定在做好
的发包上即完成。

52

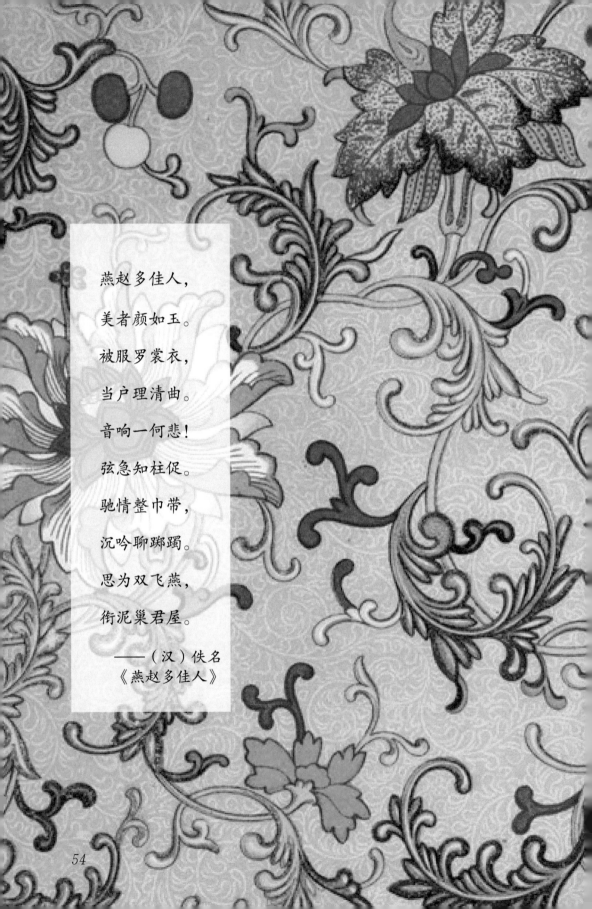

燕赵多佳人，

美者颜如玉。

被服罗裳衣，

当户理清曲。

音响一何悲！

弦急知柱促。

驰情整巾带，

沉吟聊踯躅。

思为双飞燕，

衔泥巢君屋。

——（汉）佚名
《燕赵多佳人》

模　　特　陈文婧
拍　　摄　赵　瑜
后　　期　何印婷
场地提供　花制作

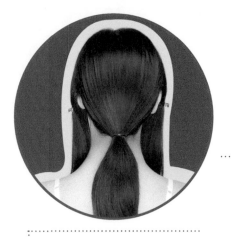

1.将头发分成以耳为线的三个区域，前面两个区域用夹子固定；

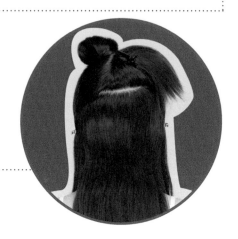

2.将后面区域头发分两部分，上半部分用夹子固定；

3.下半部分扎起来；

4.将假发片固定在发根处，将前面头发往后梳；

5.侧面效果；

6.前面两个区域头发梳到后面扎起来；

7.将上面一半头发放下；

8.梳顺后扎起来；

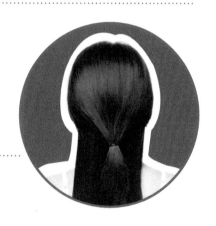

9.加一片假发绑在皮筋处，假发片衔接处可用发带或头饰做遮挡；

10.在离发根三分之一处将所有头发绑在一起就完成了。

明人杜堇所绘的《仕女图》，是描绘明代大家闺秀生活的长卷。其中绘有三个服饰华美的女子在花树间踢球。时人翰林院修撰钱福还有一首题为《蹴鞠》的诗。

　　蹴鞠当场二月天，仙风吹下两婵娟。
　　汗沾粉面花含露，尘扑蛾眉柳带烟。
　　翠袖低垂笼玉笋，红裙斜曳露金莲。
　　几回蹴罢娇无力，恨杀长安美少年。

　　诗里有着二月天的春光，有人比花娇的姑娘，她们身手矫健，她们衣袂翩跹。

1.头顶挑出一部分头发夹住备用，取中间头发扎紧；

2.将假发条固定在扎起的头发上（若自己头发够长可省略此步骤）；

3.将头发均匀地分成两部分，并用鱼骨辫的方法将假发与真发编在一起；

4.将两个小牛角包分别固定在两耳上方；

# Part 5　少女气满满！
# 　　就这样走遍全天下

5.用前面刘海包住小牛角包，收好发尾；

6.将头顶的头发放下，梳顺；

7.将头发一分为二，取其一向外挽起，将
发尾藏于发根处；

8.另一边同样挽起；

9.完成。

浅淡的紫是丁香的颜色，少女浅眠是绮丽的梦境，也该是丁香的颜色。

 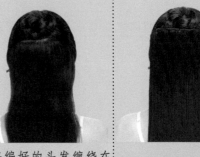

4.将编好的头发缠绕在发根处，形成一个丸子状；

8.将假发片固定在发根处；

1.将头发分成以耳为线的三个区域，前面两个区域用夹子固定；

5.将下半部分头发一分为二，编成鱼骨辫；

9.将刘海梳顺往后挽起；

2.将后面区域分上下两个部分，上面一半扎起来；

6.将鱼骨辫盘起固定；

10.收好发尾固定。

3.将扎起来的部分编成三股辫；

7.另一边同样方法固定；

11.另一边刘海同样挽起固定；

12.取一条假发片固定在左后侧；

13.取二分之一假发；

14.按照图中所示将假发绕一个圈；

15.将绕好的圈覆盖住丸子，在右侧固定；

16.将剩下的发尾收好固定；

17.取剩下的一半假发；

18.用同样手法绕圈；

19.固定在右侧发圈的下方；

20.将发尾藏于发圈底下固定住即完成。

这款发型清丽俏皮，适合正值青春年华的姑娘们，小姐妹们快来学起来吧！

1. 做好前包发和后包发；

2. 将假发条固定在后包发顶部；

3. 将假发条分成三份，取最右边一股；

4. 向内绕一个环；

5. 将绕好的环固定在发包上；

6. 侧面效果；

7. 取第二股头发；

8. 将第二股头发绕一个环固定在右侧包发前面；

9. 将剩下的一股头发分两份，取其中一份；

10. 将头发绕环；

11. 固定在前面两个环的上方；

12. 剩下的发尾取三分之二编成麻花辫；

13. 将麻花辫挽起固定在后包发上；

14. 剩下的头发用果冻胶梳顺后将发尾固定在后包发的下面；

15. 左侧剩余的头发再一分为二，取其一；

16. 将发丝绕环；

17. 放在整个发髻的最前方；

18. 固定住；

19. 发尾继续绕一个环；

20. 固定在整个发髻的最上方，并将发尾藏进发髻里面；

21. 完成。

吴姬美，远山淡淡横秋水。

玉纤软转绾青丝，金凤攒花摇翠尾。

隔云移步不动声，骑马郎君欲飞起。

欲飞起，楼上闲人闹如市。

——（宋）王冕《吴姬曲·其一》

宋制衣裙，最能体现江南姑娘的娇柔纤细。轻纱迤逦，似有香风袭来。

1.前面刘海留出；

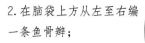

2.在脑袋上方从左至右编一条鱼骨辫；

3.将发尾固定住，做成一个底座；

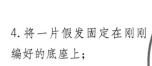

4.将一片假发固定在刚刚编好的底座上；

5.将两个小牛角包分别固定在耳朵上方；

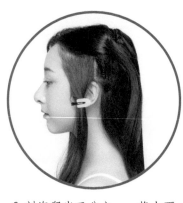

6.刘海留出三分之一，将上面部分梳顺后包住牛角包固定；

7.将剩余头发梳顺后包住露出的牛角包；

8.包发后的效果，此方法可更好地包住假发，另一侧同样包好牛角包；

70

9.将刘海的发尾编起来盘好固定；

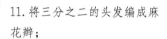

10.取一条假发固定在头顶，分左右两股；

11.将三分之二的头发编成麻花辫；

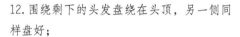

12.围绕剩下的头发盘绕在头顶，另一侧同样盘好；

13.将剩下的头发编成麻花辫，将二分之一处固定在前包发后面；

14.麻花辫顺着发包固定住，发尾自然垂下；

15.另一侧同理，完成。

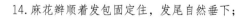

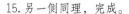

绛玉裁花碧一茎，亭亭香远韵逾清。

——（南宋）曾丰《吾宗·绛玉裁花碧一茎》

作为新时代的吃瓜群众，我们今天也有义务梳好头发！

1

2

1.将头发分为以耳为线的四个区域；

2.将脑后的发型编成鱼骨辫；

3.两边都编成鱼骨辫；

4.将鱼骨辫分别盘起；

5.将两个小牛角包固定在耳朵上方；

6.前面刘海留出一小撮自然放下，将剩余的全部头发梳顺覆盖住小牛角包，注意后面的发尾要收好；

3

4

5

6

7    8    9

7. 将一条假发片固定在脑袋后上方，分两股；

8. 取其中一股，用发网兜住；

9. 绕一个环固定在发包一侧自然垂下；

10. 将发尾绕环置于发包顶部，另一边同理，收好发尾；

11. 将假发片放至脑后固定；

12. 取两股假发自然垂在胸前，完成。

10

11

12

模　　特　陈文婧( 本页 )渊渊妈( 右页 )

拍　　摄　赵　瑜

后　　期　何印婷

场地提供　花制作

1.将头发分成耳前
耳后两部分，耳后
区编成麻花辫；

4.在脑后固定一个
大发包；

2.将辫子用卡子固定在脑后；

5.固定假发片；

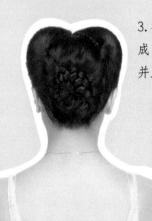

3.将耳前区的头发分
成两份，固定假发包
并且做包发处理；

6.挑起一半假发待
用；

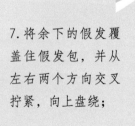

7.将余下的假发覆
盖住假发包，并从
左右两个方向交叉
拧紧，向上盘绕；

8. 在图示区域固定一个假发包；

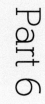

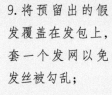

9. 将预留出的假发覆盖在发包上，套一个发网以免发丝被勾乱；

12. 这样就完成啦。

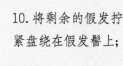

10. 将剩余的假发拧紧盘绕在假发鬙上；

11. 盘一个小漩涡收尾；

Part 6 和妈妈做个美美的造型 去拍一组亲子照吧

模　　特　闫淑琴
拍　　摄　赵　瑜
后　　期　何印婷
场地提供　花制作

（接78页第7步）

8. 将预留的头发分成左右两份；

12. 就这样完成啦！

9. 右边逆时针，左边顺时针绕髻固定；

10. 将左边的头发从后往前绕到右边的洞洞里。右边的也用相同方式处理；

11. 把剩余的头发盘绕处理，完成。

1

2

4

1.将头发分成耳前耳后
两部分，耳后区编成麻
花辫；

2.将辫子用卡子固定在
脑后；

3.固定半披假发排；

5

4.按照如图示的方法固
定假发片；

5.在如图示的区域固定
一个大发包；

6.将假发覆盖在发包
上，固定并套一个发网；

3

6

*7*

7.将多余的假发拧好，盘绕在
假发髻上；

*8*

8.将耳前区的头发分成两份，
梳顺固定在脑后，完成。

1. 做好前包发，后面头发编
   成麻花辫盘起；

2. 用假发片遮住后脑勺；

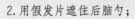

3. 取一条假发固定在头顶；

6. 用发尾再绕一个环；

4. 取左边三分之一，将假发
   绕一个环；

5. 将绕好的环放在右侧发包后
   面固定；

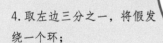

7. 叠加在之前那个环上面，藏
   好发尾；

8.取同样发量的假发，同之前一样绕环固定在
左侧发包后面；

9.将剩下的假发梳顺后挽一个环，立着固
定在侧后方；

10.固定好的环；

11.将剩下的发尾往反方向绕一个环，叠加
在之前的环上方；

12.藏好发尾，完成。

1. 将头发分成耳前耳后两个区;

4. 将耳前区分为三个部分,分别固定好三个牛角包;

2. 将耳后区分为三部分,编成麻花辫;

5. 将发丝整理干净,覆盖好发包并固定;

3. 将辫子固定在发根处;

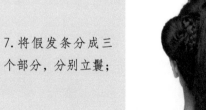

6. 固定假发条;

7. 将假发条分成三个部分,分别立鬟;

8. 将发尾团成漩涡状，固定好；

9. 整理发丝；

12. 重复二到三次后，将全部假发扎住；

10. 固定半披假发片；

11. 挑起左右两边的少许头发，用小皮筋扎住；

13. 用发网套住发尾，缠绕在皮筋处，用 U 形卡固定，完成。

1.将头发分成
耳前耳后两个
区域;

4.取耳前区的头发
约四分之一覆盖住
发包;

5.左右两边都做好,
并在图示区固定好两
个小牛角发包;

2.将耳后区分成上下两个部分,
分别编好并固定;

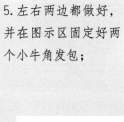

6.用发丝覆盖住发
包,固定;

3.将小牛角包固
定在耳后如图示
的区域;

7.在后脑固定一个
大发包;

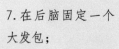

8.如图示固定做好
的硬发髻；

9.在固定硬发髻
的地方略上一点
固定好假发片，
遮挡住小卡子和
小碎发等；

12.固定好发尾；

10.将假发片分为上
下两层，用下层包
裹住假发包，并套
上发网；

11.将剩下的部分
分成四份，分别
立髻；

13.将碎发和发卡藏好，
整理好发丝，完成。

模　　特　闫淑琴
拍　　摄　赵　瑜
后　　期　何印婷
场地提供　花制作

母亲们也都年轻过。

　　那时候的她们，有饱满的额头、丰润的唇，有健康美丽的粉色脸颊，爱穿樱花色的衣裳。也会和我们一样，邀上三五个年纪相仿的女孩出门玩耍。姑娘们手挽手走在小镇子里，摩登的皮鞋嗒嗒地响，迎面吹来一阵风，乱了时髦的发型。

　　姑娘们咯咯笑。

江怡蓉老师（右）在为演员袁艺（左）整理发型

# 江怡蓉  Tina Jiang

金曲奖、金钟奖、金马奖星光大道服装评委

"台北 101"首次集结 101 位模特开幕晚会总导演

"台北 101"跨年晚会现场总导演

"台湾环球小姐"佳丽培训指定老师

2004 年，与林志玲、洪晓蕾、王晓书、王圣芬共同出版《凯渥名模美丽宣言》

同年，转为凯渥公司发言人、名模经纪人

2008 年，任职北京巨室音乐公司

2010 年，东方星元素文化发展有限公司（北京）董事、总经理

第 63 届"世界小姐"中国区直通赛评委

第二届西塘汉服文化周 受邀嘉宾、评委

第三届西塘汉服文化周 受邀嘉宾、评委

第五届西塘汉服文化周 受邀嘉宾、评委

第 67 届"世界小姐"福建漳州总决赛评委

第二届中国国际女性微电影年度大展表彰典礼颁奖嘉宾

现任职北京拾玖文化发展有限公司总经理

参与的作品：

2014 微电影《界的两端》"TWENTY ONE TWENTY"制片人，该片荣获第 62 届意大利陶尔米纳电影节 (Taormina Film Fest) 最佳公益片

汉衣

今潮

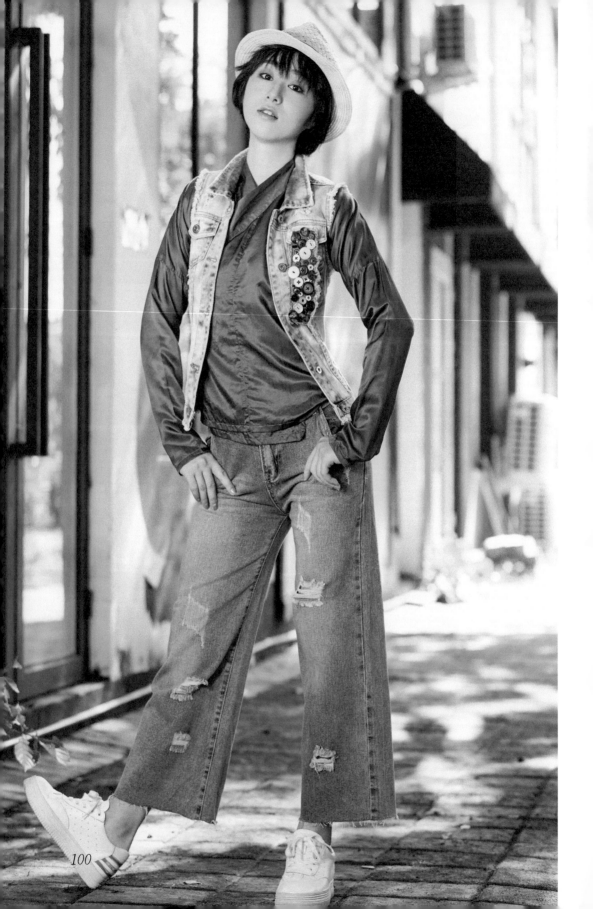

# 休闲

**交领上襦小知识：**

  交领上襦就是具有交领、右衽特点的短上衣，衽本义衣襟，其中左右衽不可颠倒。交领右衽是汉族传统服饰汉服的典型特征，也是世界诸多古老民族服装型制的典型特征之一。

古文记载：

  关于右衽的记载唐颜师古注："右衽，从中国化也。"

  《礼记·丧大记》："小敛大敛，祭服不倒，皆左衽，结绞不纽。"

**交领上襦**

模 特 袁 艺
摄影师 赵 瑜
化妆师 小竹子
后 期 何印婷
场地提供 北京粮必优商贸有限公司
服装提供 FIU STUDIOS 服装品牌
三生设计工作室

交领上襦

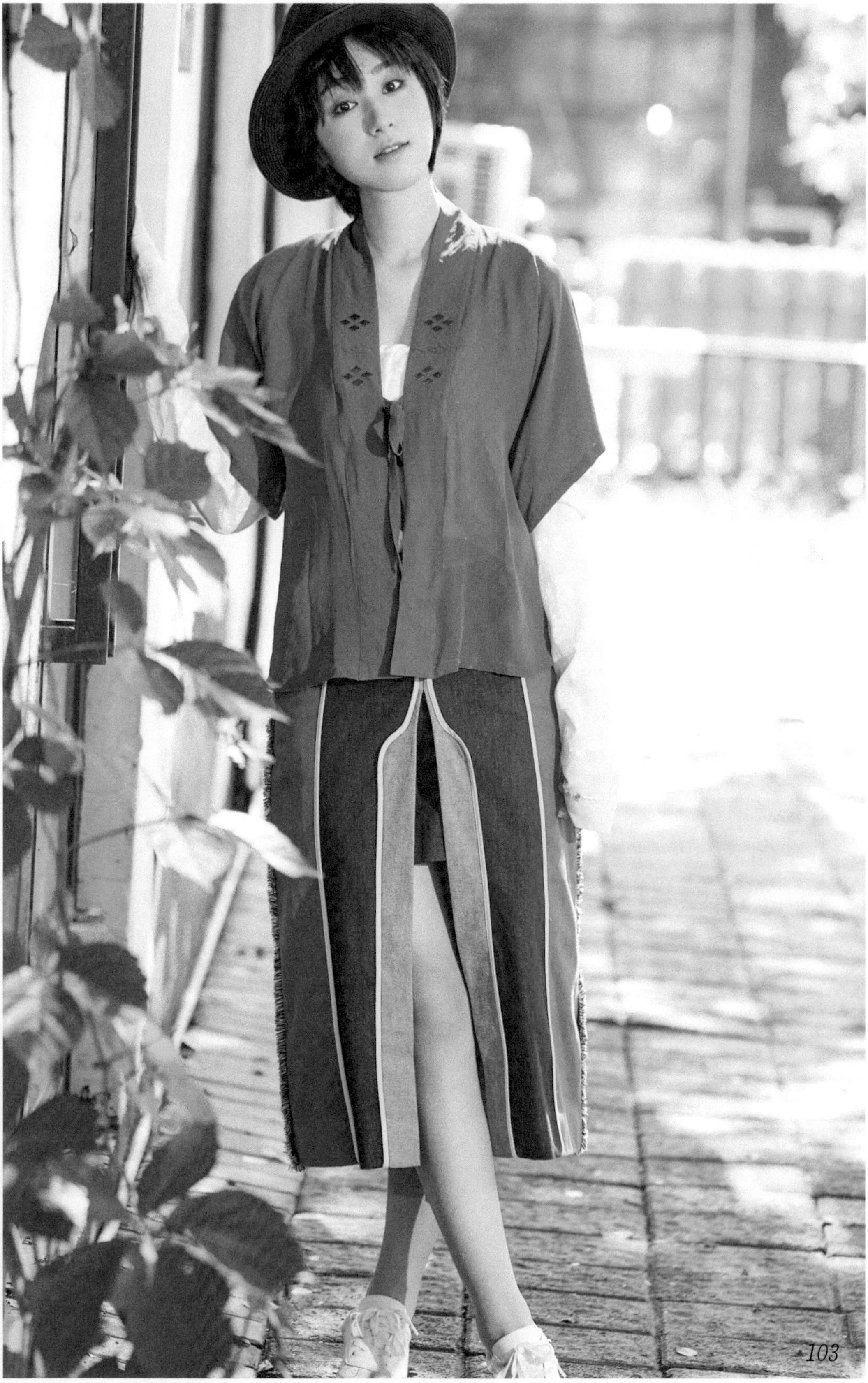

对襟半臂

宋 裤

## 对襟半臂

　　半臂又称半袖，对襟的形制是半臂中常见的一种，称为对襟半臂，其特征为直领对襟，袖长及肘，身长及腰。半臂的兴盛时期是在隋唐时期，多处出土的陶俑和壁画见证了这种服饰的盛行。

古文记载：

　　《中华古今注》云："隋大业末，炀帝宫人，百官母妻等绯罗蹙金凤背子，以为朝代及礼见宾客舅姑之长服也。"有云："唐尚书上疏云：臣请中单加半臂以为得礼，其武官等诸服长衫，以别文武，诏从之。"

## 褙子小知识：

　　褙子又称"背子"，汉服其中一种典型的形制，盛行于宋时，男女皆可穿，因使用和时间的不同，其形制变化甚多，宋代男子从皇帝至官吏、士人，商贾、仪卫等都穿。妇女从后、妃子、公主到一般妇女都穿。

古文记载：

　　宋程大昌《演繁露·背子、中禅》："今人服公裳，必衷以背子。背子者，状如单襦裕袄，特其裾加长。直垂至足焉耳。其实古之中禅也，禅之字或为单，中单之制正如今人背子。"，又云"长背子古无之，或云近出，与古中单大相似也，中单不缝合，长背子则离异其裾，用以衬藉公裳，不以束衣而遂舒垂之，欲尚古也。"

# 通勤

## 宋裤小知识：

宋裤是宋代成年女性服饰的一种，宋代女子以裙装穿着为主，但也有长裤即宋裤。宋裤为两条长裤搭配相穿，里面一条为开裆，外层为左右开叉。

实物依据：宋黄昇墓出土的开裆裤。

宋裤

## 对襟上襦

## 直领大襟短袄

### 小知识：

襦为汉服的一种，指的是短上衣，一般长不过膝，对襟上襦就是直领，衣襟呈对称状的短上衣。上襦搭配长裙就是襦裙，襦裙从有实物考证的战国时期开始，是汉族传统服装最基本的形式。

古文记载：

宋苏辙《蚕麦》诗："不忧无饼饵，已幸有襦裙。"

### 小知识：

直领大襟短袄为明代袄子的一种，现代称为交领短袄的情况较多，特征为交领、右衽、琵琶袖、有护领的双层短上衣。

实物依据：参考孔府旧藏。

浅交领上襦

褙子

113

模　特　袁艺
拍　摄　赵瑜
化妆师　小竹子
后　期　何印婷
服装提供　FIU STUDIOS 服装品牌
　　　　　三生设计工作室

模　特　　袁　艺

拍　摄　　赵　瑜

化妆师　　小竹子

后　期　　何印婷

场地提供　　北京粮必优贸有限公司

服装提供　　FIU STUDIOS 服装品牌

三生设计工作室

宴会

大袖衫

齐腰裙

118

褙子

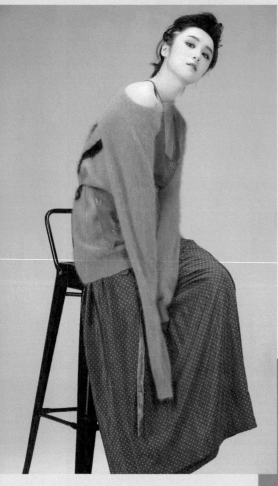

抱腹

**小知识:**

　　抱腹即兜肚,是女性传统的贴身
衣物。

**古文记载:**

　　东汉刘熙《释名·释衣服》:"抱腹,
上下有带,抱裹其腹,上无裆者也。"

120

齐腰裙

121

## 齐腰裙

**小知识：**

    裙腰与腰部平齐，故名齐腰裙，为汉服的一种。同高腰襦裙相比，齐腰襦裙更为常见。

模　　特：袁　艺

摄 影 师：赵　瑜

化 妆 师：小竹子

后　　期：何印婷

场地提供：北京粮必优商贸有限公司

服装提供　FIU STUDIOS 服装品牌

三生设计工作室

123

交领上襦

125

## 齐胸裙

### 小知识:

　　齐胸裙最早见于南北朝,盛行于隋唐,齐胸裙束带位置在胸以上,长裙曳地,其中以石榴红裙流行的时间最长。

　　文物参考《捣练图》,敦煌壁画之供养人。


　　相关诗句描述:

　　"坐时衣带萦纤草,行即裙裾扫落梅。"

　　"鸳鸯绣带抛何处,孔雀罗衫付阿谁。"

　　"上仙初着翠霞裙。""荷叶罗裙一色裁。"

　　"两人抬起隐花裙。""新换霓裳月色裙。"

　　"眉欺杨柳叶,裙妒石榴花。"

129

# 赵瑜 Hunter Zhao

商业摄影师 / 海报摄影师

国内知名教育机构高级摄影讲师

日本尼康公司铭家俱乐部签约讲师

中国摄影家协会高级认证摄影师

中国风样片专家

12 年行业经验

## 从业经历

电影电视海报拍摄：与多家媒体，新片场影业、奇树有鱼等多家影视传媒公司、广告公司密切合作，拍摄多部电影电视海报。

演员艺人宣传广告拍摄：为黄磊、刘德华、黄晓明、赵文卓、夏雨、王丽坤、蒋大为、沈腾、胡海泉、大卫.贝尔、梁家仁等一线著名艺人、歌手、央视主持人拍摄宣传广告。

各类企业商业广告拍摄：曾参与策划并拍摄安踏、艾莱依、曲美、联想、美TOP1润滑油、北京电视台、北大口腔医院、北京银行等各大企业事业单位的宣传广告。

其他：音乐人专辑宣传拍摄；高端商务肖像；杂志封面内页拍摄；服装（产品）画册等平面拍摄。

# 后　记

　　做这本书的初衷，是为了告诉每一个喜欢汉服的女孩子，你们都是美的。

　　真的。也许，你只是还没有找到最合适的打开方式。

　　而这正是我们所擅长的，你有这样美的衣裳，不好好打扮一番怎么行呢？不论是在什么样的场合，去见什么样的人，不论你是风华正茂还是鬓已星星，相信我，在这本书里，我们都为你准备好了。我们希望，在你人生中的每一天，你都是美的。你会穿着漂亮的衣裳，和喜欢的人一起，去到你想去的地方。